Bibliografische Information der Deutschen Nationalbibliothek:

Die Deutsche Bibliothek verzeichnet diese Publikation in der Deutschen National-
bibliografie; detaillierte bibliografische Daten sind im Internet über http://dnb.d-
nb.de/ abrufbar.

Impressum:

Copyright © 2007 GRIN Verlag, Open Publishing GmbH
Druck und Bindung: Books on Demand GmbH, Norderstedt Germany
ISBN: 978-3-668-12636-7

Dieses Buch bei GRIN:

http://www.grin.com/de/e-book/214028/auswirkungen-des-gruenen-bandes-auf-
die-gesellschaft

Matthias Breuer, Dominik Herbein

Auswirkungen des Grünen Bandes auf die Gesellschaft

Ein Biotopverbund entlang der ehemaligen innerdeutschen Grenze

GRIN Verlag

Albert-Ludwigs-Universität Freiburg

Institut für Landespflege

Sommersemester 2007

Abgabetermin: 30. November 2007

Modul:

Naturschutz und Gesellschaft

Thema:

Auswirkungen des Grünen Bandes auf die Gesellschaft

Von: Matthias Breuer   und   Dominik Herbein

Fachsemester: 3.

Hauptfach. Geographie B. Sc.

Nebenfach : Naturschutz und Landschaftspflege

Anhang:
Daten und Abbildungen aus dem Internet
Abkürzungsverzeichnis
Abbildungsverzeichnis
Literatur
Internetquellen

I Ein Biotopverbund entlang der ehemaligen innerdeutschen Grenze

1393 Kilometer zieht sich das Grüne Band durch Deutschland und verläuft dabei durch neun Bundesländer. Verschiedenste Interessensgruppen fordern seit der Wiedervereinigung ein zusammenhängendes Naturschutzgebiet von der Ostsee bis zur Deutsch-Tschechischen Grenze. Es sind verschiedenste Behörden, Organisationen und Bürger regelmäßig mit dem Grünen Band beschäftigt und wenden dafür sehr viel Zeit und Geld auf. Diese Arbeit versucht die Frage zu klären, auf welche Weise das Grüne Band auf unsere Gesellschaft wirkt und welche Akteure überhaupt handeln.

Das Grüne Band existiert bisher nur als Idee. Es fehlt eine Leitmarke und eine Behörde, bzw. ein privates Unternehmen, die das Grüne Band zentral vermarkten und verwalten. Auch mangelt es bisher an verwertbaren wissenschaftlichen Arbeiten. Es existieren bisher nur Studien über die möglichen touristischen Vermarktungsmöglichkeiten und den naturschutzfachlichen Wert der Gebiete entlang der ehemaligen innerdeutschen Grenze. Es kann somit nicht Aufgabe dieser Arbeit sein, empirisch ermittelte Zahlen und Theorien über das Grüne Band zusammenzufassen. Es wird daher von uns versucht die verschiedenen Interessen am Grünen Band darzustellen und welche für die Gesellschaft nützlichen Wechselwirkungen hierbei entstehen. Diese beleuchten wir von einer naturschutzfachlichen, einer sozialen und einer wirtschaftlichen Seite. Da die Akteure hauptsächlich an einer dieser Seiten ein Interesse haben, werden diese von uns in Kapitel II.2 genauer betrachtet und ihre Aktivitäten rund um das Grüne Band erläutert. Neben dem schon jetzt bestehendem Nutzen, den das Grüne Band mit sich bringt, könnten in Zukunft seine Auswirkungen auf Natur und Gesellschaft noch bedeutender sein. Aus diesem Grund stellen wir zusätzlich die Möglichkeiten dar, die das Grüne Band bieten würde, wäre es in ein deutsches Biotopverbundsystem eingebunden. Darüber hinaus gehen wir näher auf die Idee ein, das Grüne Band zu einem European Green Belt auszuweiten.

Das Grüne Band wird zwar reichhaltig in der Presse thematisiert, doch mangelt es bisher noch an qualifizierten Aufsätzen in der anerkannten Fachpresse. Daher stützen wir unsere Arbeit auf Materialien, die von den Akteuren veröffentlicht werden. Die meisten dieser Veröffentlichungen mussten wir dem Internet entnehmen. Wir verwendeten in erster Linie Informationsmaterialien des Bundesamtes für Naturschutz, da wir davon ausgehen, dass die dort veröffentlichten Internetpublikationen vertrauenswürdig sind. Auch unsere anderen Internetquellen setzen sich in erster Linie aus Ministerien und Ämtern zusammen. Eine der wichtigsten Quellen, der Handlungsleitfaden zum Grünen Band des BUND wurde in Zusammenarbeit mit dem BfN erstellt und kann damit ebenfalls als verlässlich eingestuft werden. Bei privaten Organisationen und Internetseiten wurde von uns versucht, die dortigen Aussagen so wiederzugeben, dass deutlich wird, dass es sich um die Position einer Interessens-organisation handelt.

Diese Hausarbeit wurde zwar gemeinsam recherchiert und organisiert, doch war eine Aufteilung der Themengebiete unabdingbar und auch gefordert. Es wurde von uns versucht, Redundanzen zu vermeiden, konnte jedoch aufgrund der oft sehr nahe beieinander liegenden, bzw. mehrfachen Interessen von Organisationen nicht vollständig vermieden werden. Die Aufteilung der Themen war wie folgt: Kapitel 2.1, 2.2, 3.1 und 3.2 wurden von Breuer bearbeitet, Kapitel 1., 2.3, 2.4, 2.5, 3.3, 3.4, 4. und 5. von Herbein. Einleitung und Fazit wurden gemeinsam verfasst.

II Auswirkungen des Grünen Bandes auf die Gesellschaft

1. Konzept und Bedeutung des Grünen Bandes:

Die Idee des „Grünen Band Deutschlands" entstand kurz nach der Wende, nachdem Naturschützer festgestellt hatten, dass im ehemaligen „Todesstreifen" viele der in Deutschland bedrohten Arten einen Rückzugsraum gefunden hatten. Bereits 1979 fanden erstmalig Kartierungen der Vogelwelt von westlicher Seite durch den Bund Naturschutz in Bayern statt.[1] Im Dezember 1989 beschlossen mehrere NGOs, wie BUND und NABU, das Grüne Band als Biotopverbundsnetz in Deutschland zu propagieren und zu entwickeln. Im Laufe der Jahre wurden immer wieder Verhandlungen zwischen den einzelnen Interessensgruppen geführt, bis schließlich am 30.06.2004 der deutsche Bundestag die deutsche Bundesregierung in zehn Punkten auffordert das Grüne Band als Naturschutzgebiet und Biotopverbundnetz zu fördern und zu entwickeln und einen nachhaltigen Tourismus zu etablieren.

Abb. 1: Logo des Grünen Band Deutschland

Das Konzept, das maßgeblich der BUND entwickelte, sieht vor „dem Grünen Band im Sinne einer nachhaltigen Sicherung und Entwicklung einen überregionalen Bekanntheitsgrad zu verschaffen, um aus landschafts- und naturökologischer sowie aus tourismuswirtschaftlicher Sicht die regionalen Akteure für seine Erhaltung und Entwicklung zu gewinnen."[2] Hierfür wurde auch ein eigenes Logo entworfen. Einige Bundesländer wie zum Beispiel Thüringen versuchen darüber hinaus eine zusätzliche eigene Strategie mit eigenem Logo zu entwickeln und lokale Projekte zu unterstützen.[3]

Abb. 2: Logo des Grünen Band Thüringen

---

[1] GEIDEZIS, L. et al.; Das Grüne Band – ein Handlungsleitfaden; 2002.

[2] Alpenforschungsinstitut et al.; Abschlussbericht Erprobungs- und Entwicklungsvorhaben (E+E) – Vorstudie „Erlebnis Grünes Band"; 2002; S. 2.

[3] Thüringer Ministerium für Landwirtschaft, Naturschutz und Umwelt; Das Grüne Band Thüringen; 1999.

Für den Naturschutz in Deutschland hat das Grüne Band eine herausragende Bedeutung. Es ist mit einer Länge von 1393 Kilometern der längste zusammenhängende Wald- und Offenlandverbund in Deutschland. Es verläuft durch fast alle deutschen Naturräume, mit Ausnahme des Alpenvorlandes und der Alpen. Bedingt durch die Geschichte führt das Grüne Band einige Besonderheiten:

- die geringe Nutzung während der deutschen Teilung
- die Störungsarmut in dieser Zeit
- die Freihaltung von einigen Gebieten durch die Grenztruppen der ehemaligen DDR
- keine bis geringe Dünge- und Pestizideinträge.

Durch diese Faktoren konnten dort viele Tiere und Pflanzen einen Lebensraum finden, der ansonsten in Deutschland selten geworden ist. Zudem dient das Grüne Band als Biotopverbundsystem, auf das in Kapitel 4 näher eingegangen wird.[4]

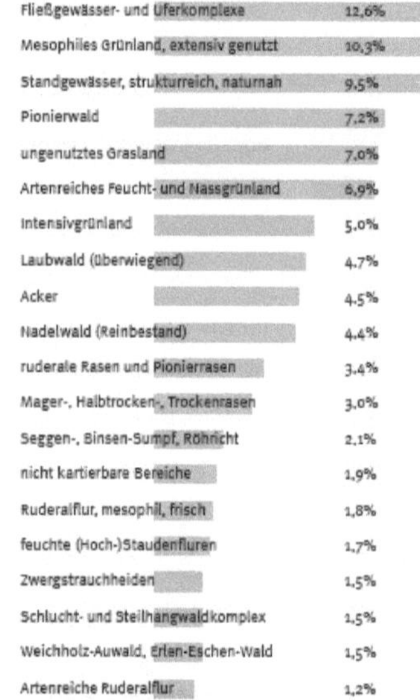

Abb. 3: Biotoptypen am Grünen Band
die fehlenden 8,3 % sind sonstige Biotoptypen, wie z. B. natürliche Rohböden, Aufforstungen und Hochmoore.

Abb. 4: Fläche der aktuellen Schutzgebiete im Grünen Band

Bundesland	Gr Ba (ha)	NSG (ha)	Anteil NSG	FFH (ha)	Anteil FFH
Meck.-Vorpom.	4425	2116	47,8%	1764	39,9%
Brandenburg	1206	661	54,8%	675	55,9%
Niedersachsen	2328	263	11,3%	2291	98,4%
Sachsen-Anhalt	2669	649	24,3%	765	28,7%
Thüringen	6741	1180	17,5%	970	14,4%
Sachsen	287	147	51,3%	273	95,2%
Summe	17656	5016		6738	
Anteil			28,4%		38,2%

---

[4] GEIDEZIS, L. et al.; Das Grüne Band – ein Handlungsleitfaden; 2002.

2. Gesellschaftlicher Nutzen des Grünen Bandes

2.1 Erhalt der Biodiversität

Das Grüne Band ist ein einmaliger Biotopverbund, welcher wertvolle Biotope wie Gewässer, Sümpfe, Heiden, Altgrasfluren, Gebüsche und Wälder beinhaltet. Diese wiederum sind Refugien für seltene Tierarten wie Fischotter *(Lutra lutra)*, Schwarzstorch *(Ciconia nigra)* oder Braunkehlchen *(Saxicola rubetra)*.[5]

Das Grüne Band ist nicht nur der längste Wald- und Offenland Biotopverbund Deutschlands, sondern auch die einzige intakte Biotopkette, an die bei zukünftigen Renaturierungsmaßnahmen angeknüpft werden könnte. Die besonders hohe naturschutzfachliche Bedeutung beruht auf der relativ geringen Zerschneidung jenes Bandes. In den vier Jahrzehnten deutscher Teilung, konnte sich der unüberwindbare und somit ungestörte Grenzstreifen zu einem Refugium für Hunderte Rote-Liste-Arten der Tier- und Pflanzenwelt entfalten.

Zusammen mit dem Bund Naturschutz in Bayern versucht der BUND jenen Streifen als möglichst zusammenhängendes Band zu bewahren. Noch vor der Öffnung der deutsch-deutschen Grenze entstanden erstmals Erhebungen wie die Kartierungen der Vogelwelt 1979/1980 vom Bund Naturschutz in Bayern, die erste Kenntnisse der Arten- und Lebensraumvielfalt ermöglichten. Auch Heinz Sielmann setzte sich seit Ende der 1980er Jahre für einen "Nationalpark von der Ostsee bis zum Bayerischen Wald" ein. Das Magazin GEO veranstaltete im Juni 2003 den „Tag der Artenvielfalt" an dem 500 Experten sich beteiligten und in 24 Stunden durch Kartieren mehr als 5200 verschiedene Pflanzen- und Tierarten am Grünen Band verzeichneten, sogar einige die zuvor als ausgestorben galten.[6]

Nicht nur um das Grüne Band touristisch nutzen zu können, sondern auch für die Pflege und Bewirtschaftung des Grenzstreifens und benachbarter Wirtschaftsflächen ist es auf großen Teilstrecken in Thüringen unumgänglich den mit Spurplatten befestigten

---

[5]BUND; Das Grüne Band Deutschland – kostbare Natur am ehemaligen Grenzsteifen; 2005.
[6] GEO; 5. GEO-Tag der Artenvielfalt 2003 im "Grünen Band"; 2003.

ehemaligen Kolonnenweg zu benutzen. Unberechtigt geschehen immer wieder Umbrüche auf Flächen des Grünen Bandes, obwohl es einer behördlichen Genehmigung bedarf, solch eine Beseitigung von Biotopen durchzuführen.[7]

Im Biospährenreservat Rhön wirtschaften einige Betriebe wie die Schäferei Weckbach und die Landschaftspflege GmbH ökologisch, indem sie Rhönschafe für landschaftspflegerischen Maßnahmen einsetzen. In der Kuppenrhön zieht sich das Grüne Band als gebüschreicher Brachstreifen und als blumenreiche Schafhutung durch die Agrarlandschaft. Die ausgedehnten Werraauen, auch Teil des Grünen Bandes, bieten Rastgebiete für Zugvögel, während unweit mächtige Kaliabraumhalden noch immer das Landschaftsbild trüben. Auf dem Plateau des Ringgaus droht die geplante Weiterführung der A44 ein intaktes Gebiet zu zerschneiden, wozu auch die an den Nationalpark Hainich grenzenden großen zusammenhängende Buchenwälder gehören. In der Hessischen Schweiz hingegen konnten sich seltene Arten wie die Europäische Eibe (*Taxus baccata*), der Uhu *(Bubo bubo)* und der Wanderfalke (*Falco peregrinus*) halten.[8]

Vor 1989 wurden die Spurensicherungsstreifen permanent von Pflanzenwuchs frei gehalten. Gehölze wurden zwischen dem Kfz-Sperrgraben und dem vorgelagerten Hoheitsgebiet entfernt. Mittlerweile sind die meisten Zäune und Wachtürme abgebaut und alle Minen beseitigt. Heute wachsen im Sperrgraben Bäume und Büsche, während sich im Spurensicherungsstreifen eine in die Länge gezogene Brache ausbilden konnte, welche in Senken feucht und nass, auf Erhebungen steinig und trocken ist. Es hat sich ein Biotopmosaik von feuchten Hochstaudenfluren, Heideflächen, Feuchtwiesen und Magerrasen entwickelt. Gerade die Unzerschnittenheit und die außergewöhnlich große Strukturvielfalt ist Grund weshalb über 200 gefährdete Tier- und Pflanzenarten noch im Grünen Band zu finden sind.

Charakteristische Brutvögel wie der Neuntöter (*Lanius collurio*) und die Dorngrasmücke (*Sylvia communis*) kommen nur in solch extensiv bewirtschafteten Gefilden vor. Auf

---

[7] Thüringer Ministerium für Landwirtschaft, Naturschutz und Umwelt; Probleme im GRÜNEN BAND THÜRINGEN; 2006.

[8] BUND-Osthessen; Grünes Band Hessen - Thüringen; o. J. .

weiträumigen Feucht- und Wiesengebiete mit geringem Gehölzaufwuchs lässt sich das im gesamten Bundesgebiet geschützte Braunkehlchen nieder, eine der Charakterarten des Grünen Bandes. Im sächsischen Teil des Grünen Bandes konnte der Skabiosen-Scheckenfalter (*Euphydryas aurinia*) bestehen bleiben, eine in ganz Europa besonders geschützte Art.

Weitere Arten die zur Vielfalt des ehemaligen Todesstreifens beitragen sind die Arnika (*Arnica montana*), die Skabiosen-Flockenblume (*Centaurea scabiosa*), die Waldeidechse (*Zootoca vivipara)* und die Kreuzotter (*Vipera berus*).

Intensive Landwirtschaft würde diese Vielfalt der Arten sicherlich zerstören. Damit diese Bestehen bleibt, ist für die künftige Pflege eine Erhaltung der kleinräumigen Lebensräume unumgänglich. Die NABU-Stiftung fordert in Sachsen, dass „nach dem Erwerb ... sich die Natur in unserem Naturparadies „Grünes Band Sachsen" nicht selbst überlassen werden [soll]. Wir wollen daher auf unseren Flächen durch den bereits etablierten Einsatz von Schafen als vierbeinige Landschaftspfleger, aber auch durch kleinparzellierte Mahd und Heuwerbung als Winterfutter die artenreiche Offenlandschaft und damit die Vielfalt der Tier- und Pflanzenwelt erhalten."[9]

In Sachsen sind es die Naturschutzverbände, die sich um die Pflege des Grünen Bandes kümmern. Die ursprünglichen Ziele zum Erhalt, zum Schutz und zur Entwicklung konnten dort bis jetzt noch nicht in vollem Ausmaß realisiert werden, doch es gibt noch genug Möglichkeiten restliche Flächen unter Schutz zu nehmen und zu pflegen. Der NABU konnte im 2004 erworbenen Areal des Grünen Bandes im sächsischen Naturschutzgebiet Hasenreuth durch Pflege die wertvollen Offenlandbereiche erhalten, welche sich in Zwergstrauchheiden und blütenbunte Wiesen gliedern. Das Vorkommen des Dukatenfalters (*Lycaena virgaureae*) und des streng geschützten Teufelsabbiß-Scheckenfalters *(Euphydryas aurinia)* hebt der NABU hervor.[10]

Um keinem Republikflüchtling Deckung zu verschaffen, wurden sicherheitshalber vor 1989 entlang der deutsch-deutschen Grenze viele Bäume und Sträucher regelmäßig entfernt. *„Den Grenzwächtern der DDR ist zu verdanken, dass auf dem ehemaligen*

---

[9] NABU-Stiftung; Das Grüne Band Sachsen; o.J. .
[10] NABU; Engagement für das längste Biotop Deutschlands; 2004.

Todesstreifen zwischen den deutschen Republiken die Natur heute ein Fest feiert: Rohrdommel und Eisvogel, Baumfalke und Kranich, Fischotter und Wasserspitzmaus fühlen sich zu Hause und finden hier ihre Leibspeisen. Insekten tanzen durch die Luft; Fieberklee, Läusekraut und Türkenbund geben dem Ganzen ein hübsches Kleid. Braunkehlchen, Ziegenmelker, Neuntöter und andere rare Vögel sorgen für lebenslustigen Sound ", beschreibt Lina Geidezis, die Projektleiterin Grünes Band beim Bund Naturschutz in Bayern.

Das Schlüsselkonzept, um vereinzelte, kleine Gebiete zu schützen, ist die Vernetzung untereinander. Das Grüne Band ermöglicht Tieren das Wandern und fördert den genetischen Austausch. Nachdem Anführen von seltenen Arten wie der Zweigestreiften Quelljungfer (*Cordulegaster boltonii*) und Bekassine (*Gallinago gallinago*), schwärmt die Naturschützerin Geidezis: „Da schleicht sich bei dem ganzen Reichtum so eine Art Urwaldgefühl ein."

Auch im Wasser sind Seltenheiten wie Bauchneunauge (*Lampetra planeri)* und Elritze (*Phoxinus phoxinus*), zu finden. Selbst Orchideen wie das Bleitblättrige Knabenkraut (*Dactylorhiza majalis*) sind vertreten.[11]

Das Landesamt für Umwelt und Geologie in Sachsen erarbeitete in Folge einer Erfassung und Bewertung ihres Abschnitts des Grünen Bandes, der gleichzeitig Natura 2000 Gebiet ist, mehrere Schritte zur Erhaltung der dortigen Biodiversität und Ästhetik. Übergeordnetes Ziel soll es sein, dass „die Funktionsfähigkeit für alle erfassten Lebensräume und Arten ... gesichert bzw. entwickelt werden." Das Landesamt erstrebt den Erhalt des aktuellen Offenland-Waldverhältnissen und der gebietstypischen Lebensräume. Der Bodenwasserhaushalt solle gesichert werden, der Eintrag von diffusen Nährstoffen gilt es zu vermeiden, ferner sollen wichtige Arten des Gebiets wie Flussperlmuschel und Abbiss-Scheckenfalter über die Schutzgebietsgrenzen hinaus (*Margaritifera margaritifera*) betreut werden. Vereinzelt sollen Gehölze am Rande der Gewässer entfernt werden und eine schonende Entschlammung auf Teilflächen

---

[11] LEßMÖLLMANN, A. ; Biotop im Angebot; 2003.

geschehen. Der Fischfang in den Gewässern soll unterlassen werden. Auf geeigneten Flächen würden autochthone Teufelsabbiss-Samen ausgebracht werden.[12]

2.2 Erholung

Mit dem Erprobungs- und Entwicklungsvorhaben (E+E) „Erlebnis Grünes Band" will das Bundesamt für Naturschutz die Landschaften entlang des Grünen Bandes mitsamt ihrer Geschichte erkenn- und erlebbar machen, damit Touristen, welche Erholung suchen, diese finden. Tatsächlich sollen sowohl landschaftspflegerische Eingriffe ausgeführt werden, als auch Maßnahmen vollzogen werden, die es dem Besucher erleichtern, sich zu orientieren. Dazu gehören eine einheitliche Beschilderung der Strecken entlang des grünen Bandes und die Kennzeichnung von Rad- und Wanderwegen. Außerdem sollen Ausstellungen und Grenzerfahrungspunkte installiert werden. Darüber hinaus soll es konkret naturkundliche und touristische Angebote geben.[13]

Wie das BfN am 24.5.07 der Presse mitteilt soll die Umsetzung des E+E Vorhabens im Vierländereck Elbe-Altmark-Wendland sich im ersten Jahr auf Grenzerfahrungspunkte entlang des Grünen Bandes konzentrieren. Für die Touristen sollen diverse ehemalige Grenztürme wieder zugänglich gemacht werden, auf diese Weise kann „ [...] *dem Besucher durch Bild und Text Wissenswertes über Natur, Grenzgeschichte und Kultur der alten Grenzregion* [vermittelt werden]". Ebenso ist geplant, dass Überbleibsel einstiger Siedlungen wieder aufbereitet und somit zum Erlebnis für Tourist und Einheimischen werden. Beide Hinterlassenschaften der Vergangenheit sollen durch Rundwege und eine Fernradroute verknüpft werden. Gleichzeitig besagt die Planung des E+E Vorhabens, dass der Besucher von einem Aussichtsturm aus auf eine renaturierte Wiese blicken und Kraniche und Gänse in ihrem neuen Rastgebiet beobachten kann.[14] Dr. Schnappauf, ehemaliger bayrischer Umweltminister betont, dass *"Wer zu Fuß, mit dem Rad oder im Kanu unterwegs ist, nimmt den Zauber der Natur viel intensiver wahr. Eine solche sanfte touristische Erschließung des Grünen*

---

[12] Landesamt für Umwelt und Geologie Dresden; Kurzfassung MaP 021 „Grünes Band Sachsen / Bayern" ; o. J. .
[13] BfN; Das Grüne Band; 2007.
[14] BfN; Projekt "Erlebnis Grünes Band" in der Modellregion Elbe-Altmark-Wendland startet mit Auftaktsveranstaltung; 2007.

Vom 29. September bis zum 2. Oktober 2005 erschlossen zwei Radfahrteams unter dem Motto „Naturathlon – Natur vereint" die gesamte Strecke des Grünen Bands. Der NATURATHLON 2005 diente unter anderem dem Zweck zu zeigen, dass das Grüne Band abwechslungsreiche Gelegenheiten des Naturerlebens, der naturverträglichen Sportausübung und der Erholung bietet.[15] Mit einem sanften Tourismus und naturverträglichen Sportangeboten gelingt es, den Menschen die Einzigartigkeit des "Grünen Bandes" nahe zu bringen, ohne die Landschaft zu zerstören und die Artenvielfalt zu gefährden", bemerkt der Präsident des Bundesamtes für Naturschutz (BfN), Professor Dr. Hartmut Vogtmann. [16]

2.3 Tourismus als Wirtschaftsmotor in strukturarmen Regionen

Grundsätzlich werden Naturschutzgebiete eingerichtet, um die Natur zu schützen und zu erhalten. Dies muss jedoch keine touristische Nutzung ausschließen. Gerade erst die touristische Nutzung ermöglicht oft einen effektiven Naturschutz, da die Akzeptanz durch die ansässige Bevölkerung erst durch den finanziellen Anreiz, den diese bietet, adäquat steigt. Schutzgebiete verbindet der erholungssuchende Mensch mit herausragenden Naturgegebenheiten und Orten der Ruhe. Daher sind Regionen, die beispielsweise einen Nationalpark aufweisen, von hohem touristischem

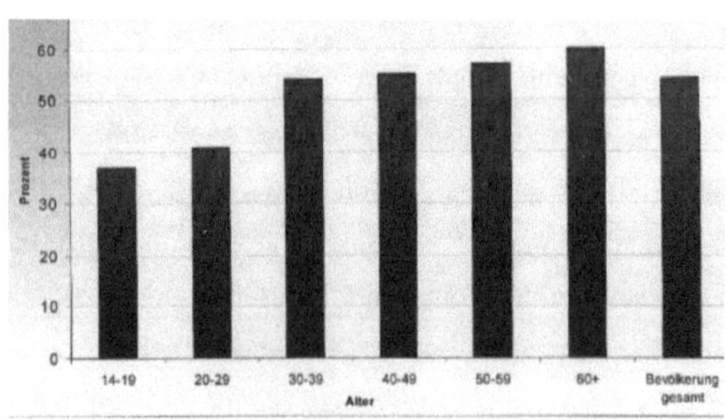

Abb. 5: Naturerlebnis-Nachfrager

---

[15] Naturathlon 2005; Natursport am Grünen Band; 2005.
[16] BfN, Pressearchiv; Naturathlon-Finale zum Vortag der Deutschen Einheit; 2005.

Interesse.[17] Die Studie des Alpenforschungsinstituts kommt zu dem Schluss, dass „die naturräumliche Ausstattung [...] des grünen Bandes und der Lebensraum „Grünes Band" selbst in Verbindung mit der gemeinsamen Deutsch-Deutschen Vergangenheit [...] das größte touristische Potenzial [sind]."[18] Auch wenn die Freizeit- und Tourismusgeographie noch keine überzeugenden Theorien und fundierte Konzepte zu einem nachhaltigen Tourismus liefern kann, gilt „Wandern in geschützter oder schützenswerter Natur..." als ein Trend mit hohen Wachstumszahlen.[19] 31 % der Haupturlaubsreisen verbringen die Deutschen im eigenen Land. Bei den Zweit- und Drittreisen ist dieser Anteil sogar noch höher. Im Jahr 2000 gaben die Deutschen mehr als 28% ihres

1.	Entspannung, keinen Stress haben	63%
2.	Abstand zum Alltag	57%
3.	Frei sein, Zeit haben	56%
4.	Frische Kraft sammeln, auftanken	55%
5.	Zeit füreinander haben (Partner, Familie)	47%
6.	Sonne, Wärme, schönes Wetter	46%
7.	Gesundes Klima	43%
8.	Spaß, Freude, Vergnügen	39%
9.	Natur erleben, Landschaft, reine Luft	39%
10.	Ausruhen, Faulenzen	34%

Abb. 6: Reisemotive der Deutschen

ausgabefähigen Einkommens für ihre Freizeit aus. Kombiniert man diese beiden Fakten und zählt auch noch die ausländischen Gäste hinzu, wird klar, welchen hohen ökonomischen Umfang der Tourismus in Deutschland hat. Mit dem Gesetz über die Gemeinschaftsaufgabe zur Verbesserung der regionalen Wirtschaftsstruktur, hat der Bund ein Instrumentarium zur Hand, um unter anderem konkret den Tourismus als Wirtschaftsfördernden Sektor regional zu stärken. Hierbei werden beispielsweise touristische Infrastrukturen oder Modernisierungen und Investitionen gefördert, wenn dabei neue Arbeitsplätze entstehen. Zwischen 1972-1991 wurden über dieses Gesetz 1,7 Milliarden DM an Förderungen und Zuschüssen vergeben.[20]

Somit kann der Tourismus für die strukturschwachen Regionen am Grünen Band einen positiven Effekt auf die dortige Wirtschaft haben. Ein Risiko besteht insofern, da es mittlerweile zahlreiche Angebote im Natururlaub gibt und diese meist weiter entwickelt

---

[17] Schenk, W. et al.; Allgemeine Anthropogeographie; 2005.
[18] Alpenforschungsinstitut et al.; Abschlussbericht Erprobungs- und Entwicklungsvorhaben (E+E) – Vorstudie „Erlebnis Grünes Band"; 2002; S. 20.
[19] Gebhardt, H.; Geographie; 2007.
[20] Schenk, W. et al.; Allgemeine Anthropogeographie; 2005.

sind, als am Grünen Band und auch die Lage obwohl in der Mitte von Deutschland eher peripher ist.[21]

2.4 Das grüne Band als Erinnerungsstätte der deutsch-deutschen Geschichte

Das Thüringer Ministerium schreibt in seiner Broschüre zum Grünen Band: *„Das Grüne Band soll auch zukünftigen Generationen erzählen, wie aus einer Trennlinie durch ein Land eine einzigartige Verbindung für Mensch und Natur werden kann."*[22] Damit greift das Ministerium neben dem Naturschutzaspekt einen wichtigen Punkt auf, was das Grüne Band bedeutet. Viele andere Autoren von Berichten und Fachtexten über das Band deuten die Vergangenheit in ihrem gewählten Titel an. Beispielsweise nennt Sievert 2006 einen Aufsatz in der Zeitschrift Naturschutz heute „Vom Todesstreifen zum Biotopverbund".[23] Berndorff et al. betieteln ihren Artikel über den European Green Belt *„Grünes Band statt Todesstreifen".*[24] Der Deutsche Bundestag verabschiedet am 30.06.2004 den Antrag: *„Grünes Band als einzigartiger Biotopverbund als Erinnerungsstätte der deutschen Teilung sichern,* [in dem er] *begrüßt, dass der frühere unmenschliche Grenzstreifen zwischen Ost- und Westdeutschland, der so genannte Todesstreifen, heute als großer Biotopverbund Grünes Band ein lebendiges ökologisches Denkmal ist und in einzigartiger Form an die deutsche Teilung erinnert;"*[25] Es ist also für alle, die sich mit dem Grünen Band beschäftigen keine Trennung möglich zwischen den aktuellen Naturschutzmöglichkeiten und der Vergangenheit des Grünen Bandes als Grenze. Das Alpenforschungsinstitut kommt in seiner Vorstudie „Erlebnis Grünes Band" zu dem Schluss, dass vor allem herausragende Einrichtungen in ein Gesamtkonzept für eine Vermarktung des Grünen Bandes mit einbezogen werden müssen. *„Das Vorhaben kann damit in einzigartiger Weise der Aufarbeitung und Vermittlung der jüngeren deutschen Geschichte dienen."* Thüringen versucht in lokalen Projekten diesen Spagat zwischen Naturschutz und Geschichte zu meistern. In

---

[21] Alpenforschungsinstitut et al.; Abschlussbericht Erprobungs- und Entwicklungsvorhaben (E+E) – Vorstudie „Erlebnis Grünes Band"; 2002.

[22] Thüringer Ministerium für Landwirtschaft, Naturschutz und Umwelt; Das Grüne Band Thüringen; 1999; S. 7.

[23] SIEVERT, R.; Vom Todesstreifen zum Biotopverbund; 2006.

[24] BERNDORFF, J.; Grünes Band statt Todesstreifen; 2006.

[25] Deutscher Bundestag; Drucksache 15/3454 Antrag Grünes Band als einzigartigen Biotopverbund und Erinnerungsstätte der deutschen Teilung sichern; 2004.

Teistungen soll hierfür ein Lehr- und Erlebnispfad angelegt werden, der mit mehreren Stationen das dortige Grenzlandmuseum mit dem Naturerlebnisgut Herbishagen verbindet. Das ehemalige geteilte Dorf Mödlareuth soll *„als erlebbares Erzeugnis jüngster deutscher Geschichte"*[26] aufgebaut und vermarktet werden. Am ehemalige Grenzübertritt „Point Alpha" im Wartburgkreis wurde die alte Grenze als „Mustergrenze" zusammen mit dem Grenzmuseum Rhön aufgebaut.[27] Dort werden Gruppenführungen angeboten, die nicht nur die deutsch-deutsche Geschichte thematisieren, sondern sich auch mit Flora und Fauna, Naturschutz und Biosphärenreservat auseinandersetzen.

Hierbei ist auch interessant, dass nicht nur die DDR-Wachtürme erhalten sind, sondern auch die ehemals amerikanischen, da diese an diesem Ort die markantesten waren. Die NATO erwartete bei einem potentiellen Angriff des Warschauer Paktes an diesem, Punkt den massivsten Angriff.[28]

Auch andere Bundesländer haben vergleichbare Einrichtungen, Museen und Denkmäler geschaffen. Auch private Initiativen versuchen Interesse bei Bewohnern und Touristen zu wecken. Das Projekt Lebensstreifen

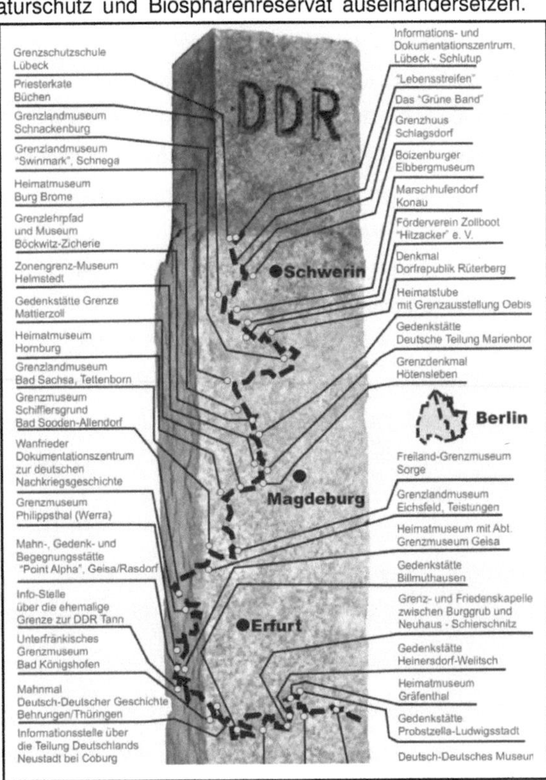

Abb. 7: Mahnmale und Gedenkstätten an der ehemaligen deutsch-deutschen Grenze

---

[26] Thüringer Ministerium für Landwirtschaft, Naturschutz und Umwelt; Das Grüne Band Thüringen; 1999; S. 13.

[27] Thüringer Ministerium für Landwirtschaft, Naturschutz und Umwelt; Das Grüne Band Thüringen; 1999.

[28] Gedenkstätte Point Alpha; Geschichte; o. J..

nennt als Ziele unter anderen die Mahnung an die Geschichte und die Förderung des Tourismuses. Diese Themen werden mit Hilfe von Radwanderungen entlang des Grünen Bandes vermittelt.[29] Somit ist das Grüne Band nicht nur ein wertvolles Naturschutzobjekt, sondern trägt auch dazu bei, die deutsch-deutsche Geschichte zu erfahren und einen Umgang mit den vielen Toten an der Grenze zu finden.

2.5 Bekanntheitsgrad des Grünen Bandes

„Im Vergleich zu anderen Naturschutzprojekten kann [...] von einem relativ hohen Bekanntheitsgrad des Grünen Bandes gesprochen werden."[30] Das liegt daran, dass jedes Jahr ca. 100 Zeitungsartikel und 40 Radio- und Fernsehberichte veröffentlicht werden. Hinzu kommt das besondere Engagement von BUND und BN, die häufig Veranstaltungen für die Presse am Grünen Band organisieren und extra ein Projektbüro „Grünes Band" eingerichtet haben. In Kapitel 3.3 wird ein Anteilschein zum Grünen Band vorgestellt, den bisher mehr als 9000 Menschen erworben haben. Dies zeigt den Bekanntheitsgrad des Grünen Bandes, ebenso, wie das der fünfte GEO-Tag der Artenvielfalt am Grünen Band stattgefunden hat.[31] Eine weitere Aktion des BUND bringt das Grüne Band in die Gesellschaft. Seit 1995 tourt eine Wanderausstellung durch Deutschland, die bisher schon in über 300 Städten gastierte. Der bisherige Höhepunkt war die Einweihung des WestÖstlichen Tores. Anlässlich dieses Ereignisses übernahm Michail Gorbatschow die Schirmherrschaft über das Projekt European Green Belt.[32]

---

[29] Lebensstreifen; das Projekt; o. J..

[30] Alpenforschungsinstitut et al.; Abschlussbericht Erprobungs- und Entwicklungsvorhaben (E+E) – Vorstudie „Erlebnis Grünes Band"; 2002; S. 12.

[31] Alpenforschungsinstitut et al.; Abschlussbericht Erprobungs- und Entwicklungsvorhaben (E+E) – Vorstudie „Erlebnis Grünes Band"; 2002.

[32] KREUTZ, M.; Hintergrundinformationen zum Vortrag „Vom Todesstreifen zur Lebenslinie; 2007.

3. Akteure

3.1 Bund und Länder

Seit seinem Beginn gibt es Streitigkeiten im Projekt Grünes Band. Besitzer des Grenzstreifens ist die Bundesrepublik Deutschland, deren ursprünglicher Plan es war die Flächen zu verkaufen und die Einnahmen an die neuen Bundesländer zu verteilen. Das Bundesland Thüringen, das das Projekt als erstes unterstützte, schlug vor, dass der Bund die jeweiligen Areale direkt an die Länder abtreten solle. Diese könnten die Flächen dann als Schutzgebiete ausweisen. Da die Verkaufserlöse des Bundes anfangs proportional zur Einwohnerzahl der einzelnen Länder aufgeteilt werden sollten, beklagte Sachsen zunächst den Entwurf Thüringens, auf dessen Gebiet der längste Abschnitt verläuft. Erst als die Berliner Grenzanlagen, welche die höchsten Erlöse erzielt hätten, aus dem Plan genommen wurden, stimmte Sachsen Thüringens Vorschlag grundsätzlich zu und verzichtete somit auf seine Bevorzugung.[33] Im Juni 2003 gab der Bundesminister für Finanzen das Signal zur möglichen unentgeltlichen Übertragung der bundeseigenen Flächen. Die wesentlichen Punkte der Verhandlungen zwischen den beteiligten Bundesländern und dem Bund, vertreten durch das Bundesministerium für Umwelt, Naturschutz und Reaktorsicherheit und des Bundesministeriums für Finanzen, sind geklärt. Die Flächenübertragung soll noch im Jahr 2006 stattfinden.[34] Jürgen Trittin, der damalige Umweltminister, betont in seiner Rede vom 15.7.2003 „ [...] *denn wir haben und hatten noch nie etwas vom Verkauf dieser Flächen.“* Er verkündet dass die Entschädigungspflicht für Landwirte gestrichen wurde und dass die Schutzwürdigkeit des Grünen Bandes nun fachlich fundiert sei. Trittin ruft die Länder auf, „ [...] *endlich vollständig FFH- und Vogelschutzgebiete zu melden [...] [und es] drängt die Zeit uns international zu vernetzen und die Naturschätze gemeinsam zu schützen [...] ein Grünes Band durch Europa erhalten oder [zu] schaffen.“* Er wirft den Ländern vor, dass Föderalismus von Eigeninitiative bestimmt sei[35] und erinnert daran dass ihnen nun der

---

[33]Thüringer Ministerium für Landwirtschaft,
Naturschutz und Umwelt; Bericht zur Landentwicklung 2002; 2002.
[34] Thüringer Ministerium für Landwirtschaft, Naturschutz und Umwelt; Grenze – Menschen – Natur – eine Chronik; 2006.
[35] BMU; Grüne Grenzen in Europa: Für Pflanze, Tier und Mensch; 2003.

Ärger mit den Eigentümern des Grünen Bandes erspart bleibe, denn dieser wären sie bald selbst.[36]

Thüringen	737 km	dies entspricht ca. 6.400 ha Fläche
Sachsen-Anhalt	343 km	
Mecklenburg-Vorpommern	173 km	
Sachsen	41 km	
Brandenburg	30 km	
Niedersachsen (durch Gebietstausch)	43 km	

Abb. 8: Anteile der Länder am Grünen Band

Die Bundesregierung sieht sich in der Vorreiterrolle bei der Bewahrung des nationalen Naturerbes, sie muss die in ihrem Besitz befindlichen Flächen langfristig unter Naturschutz stellen. Ihr Ziel ist es „gesamtstaatlich repräsentative Naturschutzflächen (inkl. der des ‚Grünen Bandes' unentgeltlich in eine Bundesstiftung (vorzugsweise DBU) einzubringen oder an die Länder zu übertragen." Um das Naturerbe kurzfristig zu sichern erfolge ein unmittelbarer Verkaufsstopp von Flächen.[37]

3.2 Bundesamt für Naturschutz

Das Bundesamt für Naturschutz in Bonn versteht sich selbst als die zentrale wissenschaftliche Behörde des Bundes für den nationalen und internationalen Naturschutz. Zu seinem Aufgabenbereich gehören bedeutende Angelegenheiten für den internationalen Artenschutz, den Meeresnaturschutz, das Antarktisabkommen und die Gesetzgebung bezüglich der Gentechnik. Es untersteht dem Geschäftsbereich des Bundesumweltministeriums (BMU),[38] welches es in allen Fragen des Naturschutzes und der Landschaftspflege berät. Zusätzlich fördert es Naturschutzprojekte, betreut Forschungsvorhaben und ist Genehmigungsbehörde für das Einführen und Ausführen geschützter Pflanzen- und Tierarten.[39]

---

[36] BMU; Trittin mahnt Beitrag der Bundesländer zur Erhaltung des „Grünen Bandes" an; 2003.
[37] BMU; Sicherung des Nationalen Naturerbes; 2006.
[38] BfN; Das Bundesamt für Naturschutz; 2006.
[39] BfN; Aufgaben; 2006.

Das Engagement für das Grüne Band seitens des Bundesamtes für Naturschutz liegt in seiner nationalen und europäischen Bedeutung. Die Aktivitäten zum Schutz und zur Entwicklung bedürfen einer nationalen und internationalen Koordination, die das BfN unterstützt, da etwa 60% der Fläche des Grünen Bandes noch im Besitz des Bundes sind. Er sieht eine politisch und historisch bedingte Verantwortung die einstige inhuman separierende Schranke zu einem verbindenden Gefüge umzuwandeln, das als historisches Denkmal bestehen soll. Zeitlich parallel will der Bund für Naturschutz die Gelegenheit nutzen, die Situation der Bewohner in peripheren Regionen und deren Umwelt durch eine nachhaltige Entwicklung zu verbessern. Es ist im Interesse des BfN schnellstmöglich die bundeseigenen Flächen des Grünen Bandes zu Naturschutzzwecken an die Länder zu übertragen.[40] Das BfN erarbeitet konkrete Handlungsempfehlungen als Grundlage für Umsetzungsprojekte, die dann in Form von F+E und E+E Vorhaben von Naturschutzverbänden ausgeführt werden. Das BfN erstellte ein Leitbild für den Tourismus in jenen Modellregionen und führt große Tagungen und Arbeitstreffen zum Europäischen Grünen Band (Siehe Kapitel 5) durch oder finanziert diese. *„Das BfN wird weiter geeignete Umsetzungsprojekte im Bereich des Grünen Bandes unterstützen und hofft, dass dies auch andere Verantwortliche in Politik und Verwaltung, bei den Naturschutz- und Landschaftspflegeverbänden sowie in der Landwirtschaft und im Forst tun werden."*[41]

Aus der Sicht des BfN ist eine rechtliche Sicherung des gesamten Grünen Bandes dringend erforderlich, da nur so eine weitere Zerschneidung und Zerstörung verhindert werden kann.

Um einen Erhalt des Grünen Bandes auf Dauer zu sichern, ist es dem BfN wichtig, dass ein Wahrnehmen jener Struktur und eine Wahrnehmen der Bedeutung von den Menschen der Region und den auswärtigen Gäste statt findet.

Er fördert das Erprobungs- und Entwicklungsvorhaben (E+E) „Erlebnis Grünes Band", welches helfen soll, die Landschaft im Bereich des Grünen Bandes in Bezug auf die Geschichte für Urlauber und Erholungssuchende erleb- und erkennbar wird. In jenem Vorhaben wurden auch die Anhaltspunkte für die Umsetzung konkreter Projekte

---

[40] Naturathlon 2005; Warum engagiert sich das Bundesamt für Naturschutz (BfN) für das Grüne Band; 2005.
[41] Naturathlon 2005; Wie engagiert sich das BfN für das Grüne Band; 2005.

aufgeführt. (siehe   Erhalt der Biodiversität 2.1). Die tatsächlichen Ausführungs-
bestimmungen der Landschaftspflege sollen in Form einer einheitlichen Beschilderung,
einer Ausweisung von Rad- und Wanderwegen sowie von Ausstellungen und Punkten
zur Grenzerfahrung realisiert werden. Hinzu sollen   greifbare, naturkundliche und
touristische Angebote ausgearbeitet werden[42]

In einer Rede am 15.7.2003 sagte der damalige Bundesumweltminister Jürgen Trittin,
dass *"Im Kontext der Erweiterung der Europäischen Union [...] auch die Umsetzung
gemeinsamer Naturschutzziele als Beitrag zur Überwindung der historischen Trennung
Europas zunehmend an Bedeutung [gewinnt],"* und dass *"Ein europäisches Grünes
Band [...] sich als Gegenstand der Zusammenarbeit an*[bietet]*, da es einen guten
Rahmen für Projekte darstellt und Verbindungen zu vielen Staaten ermöglicht."* Hartmut
Vogtmann, Präsident des BfN, fügt hinzu, dass *"Damit [...] die Chance, ein ‚Grünes
Band' als gesamteuropäisches Biotopverbundsystem zu erhalten und weiter zu
entwickeln* [bestehe]. *"*[43]

3.3 Bund für Umwelt und Naturschutz in Deutschland

Der Bund für Umwelt und Naturschutz in Deutschland und sein Landesverband Bund
Naturschutz in Bayern haben die Trägerschaft für das Projekt „Das Grüne Band
Deutschland" übernommen. Hierfür haben sie ein Projektbüro eingerichtet, das die
verschiedenen Aktionen am Grünen Band abstimmen und koordinieren soll. Damit sind
BUND und BN die wichtigsten Nichtregierungsorganisationen die sich mit dem Grünen
Band beschäftigen.

Bereits in den siebziger Jahren des zwanzigsten Jahrhunderts begannen Mitglieder des
BN die Vogelwelt des Grenzstreifens von der Westseite aus zu kartieren. Nach dem
Mauerfall war es dann wiederum der BN, der zusammen mit engagierten
Naturschützern der ehemaligen DDR begann für ein zusammenhängendes
Naturschutzgebiet zu werben. Der BUND veranstaltete schließlich am neunten
Dezember 1989 ein gesamtdeutsches Treffen mit über 400 Natur- und

---

[42] BfN; Das Grüne Band; 2007.
[43] BfN; Internationale und nationale Tagung „Perspektiven des Grünen Bands" erfolgreich beendet; 2003.

Umweltschützern. Dabei wird die Idee des Grünen Bandes erarbeitet. Seitdem sind BUND und BN kontinuierlich mit dem Grünen Band beschäftigt. Mit regelmäßigen Spendenaufrufen und dem „Grünen Anteilsschein" werden Gelder gesammelt, um Flächen zu erwerben, die entweder Teilstücke des Bandes oder direkt daran liegen. Die bisher erworbenen Flächen liegen vor allem im Wendland und im südlichen Thüringer Wald. Den Grünen Anteilsschein vermarktet der BUND symbolisch als Aktie. Hierbei bekommt der Spender eine „Aktie" und ist somit

Abb. 9: „Grüne Band Aktie"

symbolischer Teilhaber des Grünen Bandes. Hierzu veranstaltet der BUND jedes Jahr eine Versammlung am Grünen Band, bei der die „Aktionären" durch Teile des Bandes geführt werden.

Diese erfolgreichen Maßnahmen haben dazu geführt, dass BUND und BN von allen Beteiligten als Ansprechpartner und Koordinator akzeptiert werden.

Weitere Naturschutzverbände die sich mit dem Grünen Band beschäftigen sind DNR, Grüne Liga, WWF und der NABU. Vor allem der NABU hat eine ähnliche Strategie wie der BUND und erwirbt Flächen in Sachsen, um diese dem Naturschutz zuzuführen.[44]

3.4 Land- und Forstwirtschaft

Mittlerweile werden 11% des Grünen Bandes von der Landwirtschaft zum Ackerbau oder als Intensivgrünland genutzt. Diese Flächen unterbrechen das Band und machen einen Biotopverbund unmöglich. Ackerbau als Monokultur und Intensivgrünland, das meist übernutzt wird, bieten wenige bis keine Möglichkeiten für Tiere diesen Raum zu überwinden. Durch häufige Mahd, Düngung und Pestizideintrag haben außer den geplanten Pflanzen, keine anderen Arten mehr eine Chance sich durchzusetzen. Bei einer extensiven Nutzung der Grünlandflächen hingegen wird kaum gedüngt und gespritzt. Ebenfalls wird die Mahd auf ein bis zweimal im Jahr reduziert. Positiv sind

---

[44]GEIDEZIS, L. et al.; Das Grüne Band – ein Handlungsleitfaden; 2002.

auch viele Auswirkungen von Großherbivoren zu bewerten, wenn diese in nicht zu großer Population (< 0,8 GVE pro ha) die Flächen abweiden. Durch ihren Fraß, ihren Tritt und den Dung fördern diese Tiere eine struktur- und artenreiche Landschaftsform, die vom Naturschutz erwünscht ist und das Durchwandern von anderen Spezies ermöglicht. [45]

Wichtig ist auch der Umgang mit den auftretenden Extremstandorten, wie zum Beispiel Magerrasen oder Feuchtwiesen. Diese haben bestimmte Ansprüche, die durch eine entsprechende Nutzung gewährleistet werden können. Beispielsweise sollte das Schnittgut einer Magerwiese nicht auf dem Feld zurück bleiben, um die Nährstoffarmut des Bodens aufrecht zu erhalten.

Ebenfalls muss über eine Umwandlung der Äcker in Grünland nachgedacht werden. Hierbei muss vor allem beachtet werden, dass Randeffekte von anderen Ackerflächen so gering wie möglich gehalten werden, beispielsweise durch eine Pufferzone.

Eine weitere Variante, die Durchgängigkeit des Grünen Bandes zu gewährleisten ist das Einfügen von Landschaftselementen. Hecken wären hierbei unter anderem zu nennen, da diese auf kleiner Fläche besonders positive Effekte für die Tierwelt aufweisen.[46] Die Landwirte müssten bei diesen Formen jedoch auch zu regelmäßiger Pflege gewonnen werden und auch hierbei sind die Randeffekte zu nennen, die die positiven Effekte wieder aufwiegen können.[47]

Für diese Veränderungen müssen die Landwirte gewonnen werden und ihre zu erwartenden Verluste kompensiert werden. Hierfür stehen zahlreiche Instrumente dem Naturschutz zur Verfügung. Zum einen könnte eine Flurneuordnung durchgeführt werden, die jedoch bei zu vielen und zu kleinen und zerstückelten Flächen sich als zu aufwendig erweisen würde. Passender sind in solchen Fällen der Vertragsnaturschutz, bzw. Subventionen. Auch die Europäische Union bietet Fördermöglichkeiten an. Zu nennen wären unter anderem das LEADER- und das LIFE-Programm. Alle Vorgehensweisen sollten auf jeden Fall mit allen Betroffenen abgestimmt werden. Landwirten könnte zum Beispiel ein Zugeständnis leichte fallen, wenn sie in irgendeiner Form am zu erwartenden Touristenstrom teilhaben könnten.

---

[45] KONOLD, W.; Handbuch Landespflege; 2006.
[46] KONOLD, W.; Handbuch Landespflege; 2006.
[47] BURKHARDT, R. et al.; Empfehlungen zur Umsetzung des § 3 BNatSchG „Biotopverbund";2004.

Bei der Forstwirtschaft hingegen sollte ebenfalls, wenn möglich versucht werden, die Flur neu zu ordnen. Ansonsten kann hier die naturnahe Forstwirtschaft das Grüne Band als Biotopverbund erhalten. Die Abstimmung zwischen Forstbesitzern und Naturschutz- und Forstbehörden ist auch in diesem Fall von herausragender Priorität. Aufforstungen und Monokulturen sollten hingegen unterbleiben. Wohingegen die bestehenden Waldflächen, die keiner Nutzung unterliegen, sich selbst überlassen werden sollten, damit natürliche Sukzessionsprozesse ablaufen können.[48]

Werden diese Maßnahmen getätigt, können Teile des Grünen Bandes wirtschaftlich genutzt werden und trotzdem die Idee des Biotopverbundes erhalten bleiben.

4. Das Grüne Band als Teil eines deutschen Biotopverbundsystems

„Der Begriff „Biotopverbund" beschreibt die Erhaltung, die Entwicklung und die Wiederherstellung der räumlichen Vorraussetzungen und funktionalen Beziehungen in Natur und Landschaft mit dem Ziel, Tiere, Pflanzen, ihre Lebensgemeinschaften und Lebensräume langfristig zu sichern."[49]

Um dies zu gewährleisten wurde 2002 das Bundesnaturschutzgesetz verabschiedet. Unter anderem steht dort in Paragraph drei:*„Die Länder schaffen ein Netz verbundener Biotope (Biotopverbund), das mindestens 10 Prozent der Landesfläche umfassen soll"*. Dieses Gesetz zusammen mit dem europäischen, kohärenten Schutzgebietssystem Natura 2000 ist die Grundlage dafür, das Grüne Band in ein deutsches Biotopverbundnetz zu integrieren.[50]

Jeden Tag werden in Deutschland 93 Hektar[51] Land versiegelt. Immer mehr Straßen zerschneiden die Landschaft und Land- und Forstwirtschaft werden intensiviert, wodurch der Druck auf die in Deutschland vorhandenen Biotope immer höher wird. Zum einen durch Stoffeinträge, zum anderen dadurch, dass ein Austausch zwischen den einzelnen Biotopen immer schwieriger wird. Gerade die geringe Größe der Biotope stellt

---

[48] GEIDEZIS, L. et al.; Das Grüne Band – ein Handlungsleitfaden; 2002.

[49] BURKHARDT, R. et al.; Empfehlungen zur Umsetzung des § 3 BNatSchG „Biotopverbund";2004.

[50] KONOLD, W.; Handbuch Landespflege; 2006.

[51] LANNINGER, S.; Eingriffsregelungen in der Landschaftsplanung; 2007.

hierbei den Hauptgrund für die auftretenden Probleme dar. Für viele Arten sind diese zu klein. Es droht genetische Verarmung, die eine dauerhafte Belebung gefährdet. Dieses Problem versucht die Idee des Biotopverbundes zu lösen. Das Ziel hierbei ist, Tierwanderungen und somit eine natürliche Ausbreitung, bzw. Wiederbesiedelung von verlassenen, potentiellen Habitaten zu ermöglichen. Um den Erfolg von Biotopverbünden messen zu können wurden mehrere Zielarten festgelegt, die besonders als Indikatoren taugen, da sie beispielsweise hohe Ansprüche an die Größe ihrer Reviere haben. Eine Zielart ist zum Beispiel der Luchs *(Lynx lynx)*, da er große Reviere (bis zu 100 km²) benötigt. Bei ihm zeigt sich deutlich, dass unsere Landschaft aktuell in Deutschland zu sehr zerschnitten und zersiedelt ist, da er fast nicht mehr in Deutschland vorkommt. Ihr Vorhandensein bzw. ihr Fehlen sollte in eine naturschutzgerechte Landschaftsplanung mit einfließen.[52]

Das Grüne Band ist als Biotopverbund besonders geeignet. Durch seine Länge verbindet es jetzt schon mehrer Naturschutzgebiete in Deutschland. So liegen schon heute 150 Naturschutzgebiete in und am Grünen Band. Auch ein so großer, bekannter Nationalpark wie der Harz berühren das Band.[53] Ausgehend vom Grünen Band Deutschland könnte in Zukunft ein Biotopverbundsystem durch ganz Deutschland verlaufen. Beispielhaft wäre z. B. eine Verknüpfung mit dem Nationalpark Bayerischer Wald, die untere anderen vom BUND forciert wird.[54]

---

[52] BURKHARDT, R. et al.; Empfehlungen zur Umsetzung des § 3 BNatSchG „Biotopverbund";2004.
[53] KREUTZ, M.; Hintergrundinformationen zum Vortrag „Vom Todesstreifen zur Lebenslinie; 2007.
[54] BERNDORFF, J. et al.; Grünes Band statt Todesstreifen; 2006.

5. European Green Belt

Die ehemalige innerdeutsche Grenze war ein Teil einer schwerbewachten Grenze, die Europa und die Welt ein halbes Jahrhundert teilte. Diese Grenze wurde nicht nur in Deutschland gemieden, sodass sich entlang des „eisernen Vorhangs" heute ein grüner, faszinierender Streifen durch Europa schlängelt. Somit ist die Verlängerung des Grünen Bandes zu einem European Green Belt nur die logische Schlussfolgerung. Für dieses Projekt übernahm die IUCN die Leitung. Die einzelnen Abschnitte werden Betreut von mehreren Naturschutzorganisationen, wie BUND und Euronatur betreut. *„Ihre Vision: Ein fast 8500 km langes Rückgrat für ein Netzwerk aus ökologischen Schatzkammern – von der Barent See bis zum Schwarzen Meer."*[55] Der ehemalige Präsident der Sowjetunion Michail Gorbatschow übernahm die Schirmherrschaft über

Abb. 10: Verlauf des European *greenbelt* **Green Belt**

das Grüne Band Europa. Im Juli 2003 hielt er eine Rede auf der internationalen Konferenz *„Perspectives of the Green Belt – Chances for an ecological network from the Barent Sea to the Adriatic Sea."* Er betonte dabei nicht nur die naturschutzfachlichen Aspekte, sondern auch den Symbolwert, den ein europäisches grünes Band haben könnte: *„Now, under new circumstances, when we have moved away from confrontaion and from a potential rift in Europe, we want to be unites by a single green network. I am delightes to say that environmental activists are working at the Russian-Finnish border, and are looking into plans to create a there. This is great!"* Auf selbiger Konferenz sprach

---

[55] BERNDORFF, J. et al.; Grünes Band statt Todesstreifen; 2006; S. 1.

auch der damalige deutsche Umweltminister Jürgen Trittin die Bedeutung des european green belt an: *A „Green Belt" with natural treasures throughout Europe would be a symbol for a systainable development in a „green" Europe capable of coping with the future."*[56] Somit könnte ein grünes Band nicht nur den internationalen Naturschutz voran bringen, sondern auch den internationalen Dialog zwischen Nationen positiv beeinflussen.

III Fazit

Die ehemalige innerdeutsche Grenze existiert seit der Wiedervereinigung am 03. Oktober 1990 nicht mehr. Dies sind mittlerweile mehr als 17 Jahre. Den Nutzen, den das Grüne Band Deutschland bringen würde sahen - schon allein aus naturschutzfachlicher Sicht - die Naturschutzorganisationen wie der BUND bereits 1989. Trotzdem existiert das Grüne Band nur als Idee. Es wird zwar vielfach damit geworben, doch ist es mittlerweile mehrfach zerschnitten und viele Flächen sind zerstört. Dazu kommen noch Nutzungskonflikte mit diversen Landeigentümern. Schuld daran dürfte unter anderem sein, dass sich Bund und Länder zu lange auf keine einheitliche Strategie einigen konnten.

Diese Arbeit konnte zeigen, dass das Grüne Band schon jetzt mehrfachen gesellschaftlichen Nutzen mit sich bringt, obwohl noch nicht alle Potentiale ausgeschöpft sind. Für den Natur- und Artenschutz ist das Grüne Band eine Bereicherung. Eine Eindrucksvolle Zahl von Pflanzen und Tiere, die auf der Roten Liste stehen, leben dort. Aber auch von wirtschaftlicher Seite gesehen ist das Grüne Band eine Bereicherung. Modellregionen wie der Harz machen schon lange vor, wie nachhaltiger, sanfter Tourismus Geld und Arbeit in eine Region tragen kann. Bei einem effizienten Marketing und Ausbau dürfte das Grüne Band bei den entsprechenden Zielgruppen ganz oben auf die Agenda wandern. Es gibt genügend Kultur- und Naturinteressierte in Deutschland, denen das Grüne Band noch unbekannt ist und denen das Band nahe gebracht werden kann.

---

[56] ENGELS, B. et al.; „Perspectives of the Green Belt" Chances for an Ecological Network from the Barents Sea to the Adriatic Sea?; 2004.

Unserer Meinung nach sind vor allem Bund und Länder gefordert, dass Grüne Band ernst zu nehmen und die nötigen Mittel aufzuwenden, damit mit einer Länge von 1393 Kilometern, die längste, zusammenhängende Naturattraktion Deutschlands entstehen kann.

Der European Green Belt wäre der Superlativ des Grünen Bandes. Wie soll diese Vision entstehen, wenn nicht einmal in einem reichen, naturschutzinteressierten Land wie Deutschland eine Einigung zügig erreicht werden kann?

Abkürzungsverzeichnis

AFI: Alpenforschungsinstitut

BfN: Bundesamt für Naturschutz

BföS: Büro für ökologische Studien

BMF: Bundesministerium für Finanzen

BMU: Bundesministerium für Umwelt, Naturschutz und Reaktorsicherheit

BN: Bund Naturschutz in Bayern

BUND: Bund für Umwelt und Naturschutz in Deutschland

DBU: Deutsche Bundesstiftung Umwelt

E+E: Erprobung und Entwicklung

F+E: Forschung und Entwicklung

NGO: Nichtregierungsorganisation

Abbildungsverzeichnis:

Literatur:

Alpenforschungsinstitut, Büro für ökologische Studien, BN/BUND-Projektbüro Grünes Band (2006): Abschlussbericht Erprobung- und Entwicklungsvorhaben (E+E) – Vorstudie „Erlebnis Grünes Band). Nürnberg/Garmisch-Partenkirchen/Bayreuth

BERNDORFF, Jan, VIERING Kerstin und KNAUER, Roland (2006): Grünes Band statt Todesstreifen, in natur + kosmos, Heft 12/2006. Konrad-Medien. Leinfelden-Echterdingen.

BURKHARDT, Rüdiger et al. (2004): Empfehlungen zur Umsetzung des § 3 BNatSchG „Biotopverbund". Bundesamt für Naturschutz. Bonn

GEBHARDT, Hans, GLASER, Rüdiger, RADTKE, Ulrich und REUBER, Paul (Hrsg.) (2007): Geographie. Spektrum Akademischer Verlag. München

KONOLD, Werner (2006): Modul Landespflege. Arbeitunterlagen. Freiburg

SCHENK, Winfried und Schliephake (Hrsg.) (2005): Allgemeine Anthropogeographie. Klett-Perthes-Verlag. Gotha.

SIEVERT, René (2006): Vom Todesstreifen zum Biotopverbund: das Grüne Band Sachsen, in Naturschutz heute, Heft 4/06 S. 38-40. Bonn

Thüringer Ministerium für Landwirtschaft, Naturschutz und Umwelt (1999): Das Grüne Band Thüringen. Erfurt.

Internetquellen:

BfN, Pressearchiv; Naturathlon-Finale zum Vortag der Deutschen Einheit: BfN-Präsident Hartmut Vogtmann; Pressemitteilung vom 30.9.05; Online im Internet: http://www.bfn.de/pm_44_2005.html [28.11.07]

BfN; Aufgaben; Stand 11.7.2006; Online im Internet: http://www.bfn.de/0101_aufgaben.html [27.11.07]

BfN; Das Bundesamt für Naturschutz; Stand 24.11.2006; Online im Internet: http://www.bfn.de/01_wir_ueber_uns.html [27.11.07]

BfN; Das Grüne Band; Stand 14.3.2007; Online im Internet: http://www.bfn.de/0311_gruenes_band.html [27.11.07]

BfN; Internationale und nationale Tagung „Perspektiven des Grünen Bands" erfolgreich beendet. Deklaration. Deklaration von Bonn verabschiedet; Pressemitteilung vom 17.3.2003; Online im Internet: http://www.bfoes.de/zebene2/leistg/bsp/grband/bfn_pre_grband.htm [27.11.07]

BfN; Projekt "Erlebnis Grünes Band" in der Modellregion Elbe-Altmark-Wendland startet mit Auftaktsveranstaltung; Pressemitteilung vom 24. Mai 2007 in Bonn; Online im Internet: http://www.schattenblick.de/infopool/umwelt/lebens/uleto051.html [28.11.07]

BMU, Pressearchiv; Trittin mahnt Beitrag der Bundesländer zur Erhaltung des „Grünen Bandes" an. Ehemalige innerdeutsche Grenze soll Vorbild für vernetzten europäischen Naturschutz werden; Pressemitteilung vom 15.7.03; Online im Internet: http://www.bmu.de/pressearchiv/15_legislaturperiode/pm/4344.php [27.11.07]

BMU, Reden: Grüne Grenzen in Europa. Für Pflanze, Tier und Mensch. Die Chancen für den Erhalt des Grünen Bands sind gut; Jürgen Trittins Rede vom 15. Juli 2003 in Bonn; Online im Internet: http://www.bmu.de/reden/doc/4354.php [27.11.07]

BMU; Sicherung des Nationalen Naturerbes; Stand August 2006; Online im Internet: http://www.bmu.bund.de/naturschutz/nationales_naturerbe/doc/print/37715.php [27.11.07]

BUND; Das Grüne Band Deutschland – kostbare Natur am ehemaligen Grenzsteifen; Stand 2005; Online im Internet: http://www.bund.net/index.php?id=917 [27.11.07]

BUND-Osthessen, Grünes Band, Übersicht; Grünes Band Hessen – Thüringen. Naturerlebnis am laufenden Band; o. J.; Online im Internet: http://www.bund-osthessen.de/ [28.11.07]

Deutscher Bundestag (2004): Drucksache 15/3454 Antrag Grünes Band als einzigartigen Biotopverbund und Erinnerungsstätte der deutschen Teilung sichern. Berlin. Online im Internet: http://www.bund.net/aktionen/gruenesband

ENGELS, Barbara, HEIDRICH, Angela, NAUBER, Jürgen, RIECKEN, Uwe, SCHMAUDER, Heinrich and ULLRICH, Karin (Hrsg.) (2004): „Perspectives of the Green Belt" Chances for an Ecological Network from the Barents Sea to the Adriatic Sea?. BfN-Skripten 2004. Online im Internet: http://www.bfn.de/fileadmin/MDB/documents/skript102_1.pdf und http://www.bfn.de/fileadmin/MDB/documents/skript102_2.pdf

Gedenkstätte am Point Alpha (o.J.): Geschichte. Online im Internet:
http://www.pointalpha.com/index1.html

GEIDEZIS, Liana, SCHLUMPRECHT, Helmut und FROBEL, Kai (2002): Das Grüne
Band, Ein Handlungsleitfaden. Bund für Umwelt und Naturschutz Deutschland. Online
im Internet: http://www.bund.net/aktionen/gruenesband

GEO: 5.GEO-Tag der Artenvielfalt 2003 im „Grünen Band"; Pressemittelung Juni 2003;
Online im Internet:
http://www.geo.de/_components/GEO/info/presse/files/geo_artenvielfalt_2003.rtf [27.22.07]

KREUTZ, Melanie (2007): Hintergrundinformationen zum Vortrag „Vom Todesstreifen
zur Lebenslinie – Maßnahmen und Aktionen zur Sicherung des Grünen Bandes".
Veranstaltung der Naturschutzakademie Hessen „Biotopverbund in der Praxis" am 23.
Mai 2007 in Wetzlar. Online im Internet:

Landesamt für Umwelt und Geologie Dresden; Kurzfassung MaP 021 „Grünes Band
Sachsen / Bayern"; o. J.; Online im Internet:
http://www.umwelt.sachsen.de/lfug/documents/021_MaP_Kurzfassung.pdf [28.11.07]

LANNINGER, Silke (2007): Eingriffsregelung in der Landschaftsplanung. Skripte zum
Modul Landespflege im Sommersemester 2007. Freiburg. Online im Internet:
http://www.landespflege-freiburg.de/ressourcen/ausgleich_ersatz.pdf

Lebensstreifen (o.J.): Das Projekt; Online im Internet:
http://www.lebensstreifen.de/lebensstreifen.htm

LEßMÖLLMANN, A.; Biotop im Angebot; Die Zeit Artikel 20/2003; Online im Internet:
http://www.lessmoellmann.net/wissenschaft/2003_gr_band.shtml [28.11.07]

NABU; Engagement für das längste Biotop Deutschlands; Stand 2004; Online im
Internet: http://www.nabu-sachsen.de/content/projekte/gr_band.html [28.11.07]

NABU-Stiftung; Das Grüne Band Sachsen. Vom Todesstreifen zur Lebenslinie; o. J.;
Online im Internet: http://naturerbe.nabu.de/m01/m01_02/ [28.11.07]

Naturathlon 2005; Naturathlon 2005 – Natursport am „Grünen Band"; Pressemitteilung
vom 29. September 2005; Online im Internet:
http://naturathlon2005.netzkost.com/?link=pressemitteilungen&ID=53 [28.11.07]

Naturathlon 2005; Warum engagiert sich das Bundesamt für Naturschutz (BfN) für das
Grüne Band; Stand 2005; Online im Internet:
http://naturathlon2005.netzkost.com/?link=allgemeines&ID=75 [27.11.07]

Naturathlon 2005; Wie engagiert sich das BfN für das Grüne Band; Stand 2005; Online
im Internet: http://naturathlon2005.netzkost.com/?link=allgemeines&ID=76 [27.11.07]

*Thüringer Ministerium für Landwirtschaft, Naturschutz und Umwelt, Grünes Band;
Probleme im GRÜNEN BAND THÜRINGEN; o. J.; Online im Internet:*
http://www.thueringen.de/de/tmlnu/themen/gruenesband/inhalte/probleme/ [28.11.07]

Thüringen. Grenze – Menschen – Natur – eine Chronik; 2006; Online im Internet:
http://www.thueringen.de/de/tmlnu/themen/gruenesband/entstehung/chronik/ [27.11.07]

*Thüringer Ministerium für Landwirtschaft, Naturschutz und Umwelt, Publikation; Bericht
zur Landentwicklung 2002; Stand 2002; Online im Internet:*

http://www.thueringen.de/de/publikationen/pic/pubdownload290.pdf [28.11.07]